DIE AUSGESTALTUNG DER ORGANISMEN – EIN CHEMISCHES PROBLEM

Die Geschichte der Naturerforschung kennt Augenblicke, in denen die Welt mit Staunen erfaßt, daß eine einzige Entdeckung mit einem Schlag den Gesichtskreis der Menschheit erweitert. Die Welt staunte, als Woehler im Jahre 1828 Harnstoff aus cyansaurem Ammonium herstellte. Er hat damit gezeigt, daß zur Bildung organischer Substanz keine nur der belebten Materie zukommende Kraft vonnöten ist. Die Welt staunte, als ein Louis Pasteur die Gärungen auf die Tätigkeit kleinster Lebewesen zurückführte. Die Welt staunte nicht, als der Begründer der modernen Pflanzenphysiologie, Julius Sachs, im Jahre 1892 entdeckte, daß die aus Begoniablättern nach alter Gärtnererfahrung erzielbaren Stecklingspflanzen (Abb. 1 und 2) nur dann zur Blütenbildung schreiten, wenn sie aus Blättern gezogen waren, die von Begonien im Stadium der Blühreife stammten. Sachs sprach daher von blütenbildenden Stoffen, die von der blühreifen Mutterpflanze den Blattstecklingen mitgeteilt werden. Darüber hinaus postulierte er ganz allgemein die Existenz organbildender Stoffe. Nicht einmal die Fachwelt staunte ob dieser Entdeckung; sie erblickte sogar in diesen Behauptungen ein Zeichen geistigen Rückgangs bei ihrem Urheber.

Wir Heutigen wissen, daß die Gedanken von Julius Sachs auf der rechten Spur liefen. Hätte nicht bei vielen Biologen grundsätzliche Abneigung gegen die stofflich-chemische Behandlung auch verwickelter Lebensvorgänge wie derjenigen des Wachstums bestanden, so wären wir beträchtlich früher zu Erkenntnissen gelangt, die sich erst unseren Tagen erschlossen haben und deren Bedeutung für die Menschheit in ihrem vollen Umfang noch nicht zu ermessen ist. Besonders tragisch war es, daß der

Forscher, dessen berühmten Transplantationsversuchen wir tiefe Einsicht in die Ausprägung des tierischen Embryos verdanken, Hans Spemann, in der Hauptphase seiner Forschungsarbeit die Organdifferenzierung als unmittelbare Folge komplizierter vitaler

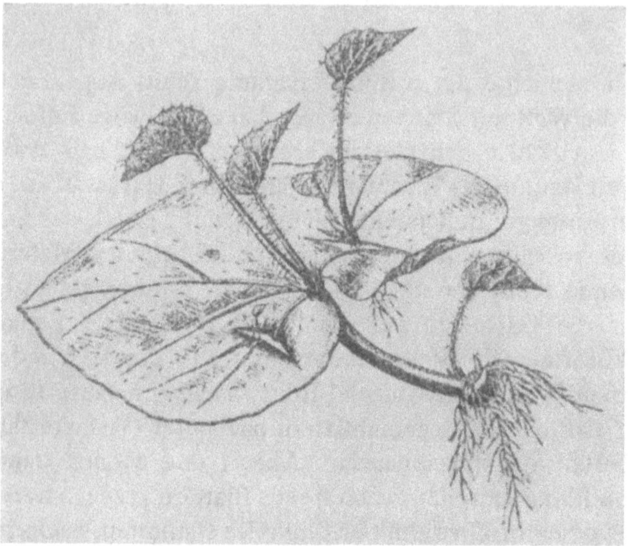

Abb. 1. Blattsteckling von Begonia. (Aus Lehrbuch d. Botanik f. Hochschulen, 23. u. 24. Aufl., Verl. von G. Fischer, Jena, 1947.)

Vorgänge ansprach und zu spät zur Erkenntnis kam, daß einfache Stoffe ein entscheidendes Schaltstück im Entwicklungsvorgang darstellen. Nur widerwillig nahm er die Ergebnisse seiner Mitarbeiter F. G. Fischer und Holtfreter zur Kenntnis, wonach z. B. synthetisch hergestellte Ölsäure und andere Stoffe die Ektodermzellen des Amphibienkeims zur Bildung der ersten Anlage von Gehirn und Rückenmark veranlassen. Heute ist es uns geläufig, völlig in der Gedankenrichtung von Sachs, Organausprägung und Wachstum als den Steuerungseffekt chemischer Stoffe von oft höchst einfacher Struktur aufzufassen, die in sehr geringen

Mengen diese Wirkung ausüben. Sie werden unter dem Begriff der „Wirkstoffe" zusammengefaßt.

Die Natur bietet uns eine Fülle von Vorgängen der Organausprägung, die eine stofflich-kausale Behandlung demjenigen geradezu aufdrängen, der mit diesen Augen sehen will.

Beim Rehbock hat Kastration die Bildung eines abnormen Geweihs, des Perückengeweihs, zur Folge. Für normale Geweihbildung ist hier ein Hodensekret nötig; fehlt dieses, so ist die Garnitur der Geweihorganisatoren nicht vollständig. Die Reh-

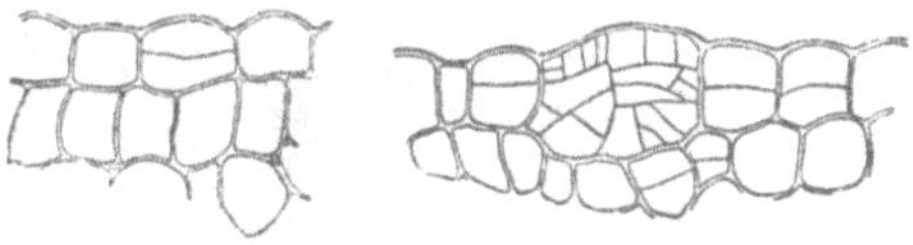

Abb. 2. Entwicklung eines Begoniablattstecklings aus einer Blatt-Epidermiszelle. (Aus Lehrb. d. Botanik f. Hochschulen, 23. u. 24. Aufl., Verl. von G. Fischer, Jena, 1947.)

kuh besitzt überhaupt kein Geweih. Ein anderer Cervide, das Rentier, trägt in beiden Geschlechtern ein Geweih und zwar bildet sich dieses bei Männchen und Weibchen auch nach völliger Kastration aus. Dieser Fall ist von besonderer Bedeutung. Er überbrückt die Kluft zwischen Geschlechts- und Artmerkmal: Beim Reh wird das zu normaler Geweihausbildung nötige stoffliche Prinzip vom männlichen Sexualapparat ausgesandt, beim Rentier dagegen geht dieses unmittelbar vom Vererbungsapparat, vom Genom, aus und ist in beiden Geschlechtern vorhanden.

Ein anderes Beispiel sind die höchst sinnreich konstruierten Behausungen, die sich viele Insekten zur Aufzucht ihrer Nachkommen unter Mitwirkung der Pflanze schaffen: die Gallen (Abb. 3). Von der Pflanze aus gesehen sind sie als aufgezwungene Mißbildungen zu betrachten. Ihre oft hohe Organisation kann nur dem Ei und der Larvenentwicklung zugute kommen, muß also vom eiablegenden Tier selbst bestimmt werden. Zufallsbefunde des Gallenforschers Beijerinck liefern den Schlüssel zur Erklärung. Bei der Eiablage in die Pflanze injiziert das Insekt zugleich ein Sekret in die Stichwunde. Wird nun ausnahmsweise kein Ei abgelegt oder stirbt dies frühzeitig ab, so kommt es doch zu normaler Gallenbildung. Hierfür gibt es nur eine Erklärung: Das Insektensekret enthält Wirkstoffe, die in spezifischer Weise die Bildung und Ausgestaltung der Galle, einer an sich rein pflanzlichen Bildung, bewirken. Beijerinck war nicht weit von der Wahrheit entfernt, als er von Wuchsenzymen als Ursache der Gallenbildung sprach.

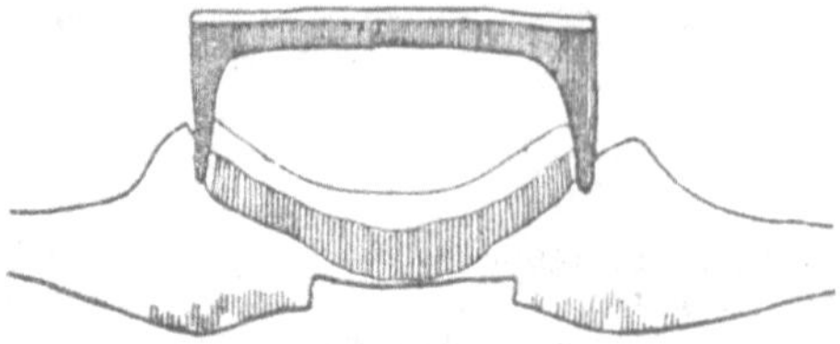

Abb. 3. Hochorganisierte Blattgalle mit Öffnungsmechanismus im Längsschnitt. (Aus Ernst Küster, Anatomie der Gallen. Verl. von G. Fischer, Jena, 1930.)

Ebenso werden bei Propfungen Erfahrungen gemacht, bei denen es schwer fällt, die Mitwirkung eines stofflichen Gestaltungsprinzips zu bezweifeln. Pfropft man Teufelszwirn auf die Tomate, so bildet der Teufelszwirn bedeutend längere und süßere Früchte als gewöhnlich, Früchte, die sozusagen nach der Tomate hinstreben. Auch bei Kernobstpfropfungen wurden schon vielfach sinngemäße Beeinflussungen des Fruchtcharakters durch die Pfropfpartner beobachtet. Ich glaube, man darf derartige Mitteilungen nicht mehr mit dem Skeptizismus betrachten, der ihnen unter dem Eindruck genetischer Forschungsergebnisse meist entgegengebracht wird.

Heute sind wir so weit, daß wir die Stoffe, die Organbildung und Organausprägung steuern, in Kategorien ordnen können. Mit dem Zoologen Goetsch können wir zunächst von Großmodifikatoren reden, von Stoffen, die die Grundform der

Lebewesen determinieren. Goetsch beschäftigte sich zunächst mit staatenbildenden Insekten. Ameisen und Termiten treten bekanntlich innerhalb einer Art und innerhalb eines Staates in verschiedenen Formen auf. Bei Ameisen entstehen u. a. die großköpfigen Giganten, bei Termiten die Soldaten mit vergrößerten Schädelorganen. Diese Formen konnte Goetsch nach Belieben erzeugen, wenn er seine Tiere mit einem aus Termiten gewonnenen Extrakt fütterte. Voraussetzung war die gleichzeitige Verfütterung einer bestimmten Eiweißmenge und der richtige Zeitpunkt, da die Tiere nur in einem gewissen Entwicklungszustand, der sensiblen Phase, auf die Behandlung ansprechen. Das wirksame Prinzip fand Goetsch weiterhin in Hefen (Torula utilis), in der allgemein bekannt gewordenen Pilzgattung Penicillium und begreiflicherweise in den Pilzen, die die Tiere selbst züchten oder mit denen sie eine enge Symbiose innerhalb ihres Körpers eingegangen sind. Damit erklärt sich der starke Formenunterschied in pilzzüchtenden Insektenstaaten und wohl auch die Häufigkeit der Symbiose zwischen Insekten und Pilzen, die in besonders vorbereiteten Organen des Insektenkörpers leben.

Interessant ist das Verhalten eines Extrakts aus dem berühmten Penicillinlieferanten, Penicillium notatum. Erst nach Zerstörung des zellteilungshemmenden Penicillins kann der Großmodifikator seine Wirkung entfalten. Diesen bezeichnet Goetsch mit vollem Recht als einen Vitaminkomplex und zwar als Vitamin-T-Komplex oder auch als Supravitamin.

Die Verhältnisse liegen aber nicht so, daß nur die in verschiedene Formen differenzierten Insektenarten eine besondere, auf den T-Vitaminkomplex ansprechende Plastizität besäßen. Goetsch erzielte mit seinen Dialysaten aus Torulahefe dieselbe Wirkung bei einem Insekt mit einheitlichen Körpermaßen, bei dem berühmten genetischen Versuchstier Drosophila, der Taufliege. Bei ungenügender Vitamin-T-Zufuhr wuchsen die Tiere auf 1,5 mm, bei reichlicher Vitamin-T-Gabe auf 3,4 mm heran (Abb 4). Ebenso reagieren im Wachstum befindliche Wirbeltiere auf das T-Vitamin. Dasselbe gilt für die menschliche Haut, die ein ständig wachsendes Gewebe darstellt. Die Heilung von Sonnenbrand, Ekzemen und Verwundungen wird durch Behandlung mit dem T-Vitamin gefördert.

Goetsch konnte auch schon die Mechanik der Vitamin-T-Wirkung einigermaßen klarstellen. Der T-Komplex bewirkt eine günstigere Ausnützung der Grundnahrung. Der Nahrungsbedarf der mit dem Vitamin-T-Komplex gefütterten Tiere liegt unter der Norm.

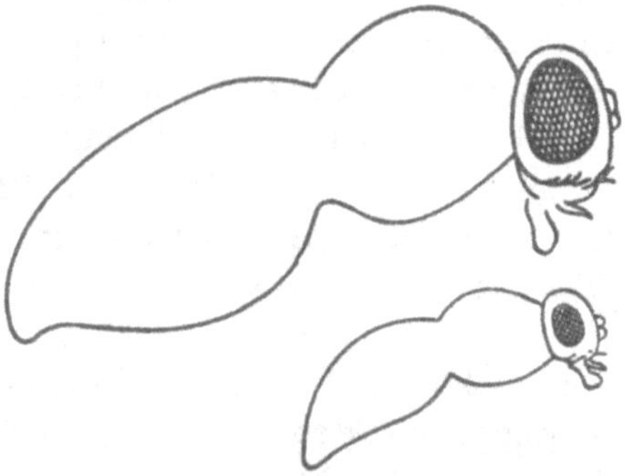

Abb. 4. Taufliege. Drosophila melanogaster. Oben: mit Vitamin T behandelt, Unten: ohne Vitaminbehandlung. (Aus Wilhelm Goetsch, Die Naturwissenschaften **33**, 1946, S. 149.)

Diesem Supravitamin dürfte auch Bedeutung zukommen für die Erklärung der Tatsache, daß im Lauf der Erdgeschichte ganz explosiv Großformen aufgetreten sind. Schon vor einiger Zeit ist es aufgefallen, daß die Riesentiere der Vorzeit eine im Verhältnis zu ihren Körpermaßen auffallend große Hypophyse besessen haben müssen. Man kann dies aus bestimmten Merkmalen des Kopfskeletts ablesen. Beim Menschen tritt Riesenwuchs auf, wenn dieser unscheinbar aussehende Gehirnanhang mit seinem Gewicht von 0,6 bis 0,8 Gramm im Wachstumsalter abnorm vergrößert ist. Zwergwuchs tritt auf, wenn er im Wachstumsalter verkümmert ist. Ich halte es daher für denkbar, daß einige von den zahlreichen lebenswichtigen Funktionen der Hypophyse mit dem Vitamin-T-Komplex in Beziehung stehen.

Naturgemäß wirkt dieser Großmodifikator auch in den Urproduzenten selbst. So konnte Goetsch das Wachstum von Pilzen durch Zugabe des Großmodifikators beträchtlich steigern. Damit ist dieser für die Pilze selbst ein Hormon, für die Tiere, die dieses Prinzip nicht selbst bilden können, ein Vitamin. Diese beiden Begriffe sind Relativbegriffe und finden sich zusammen im Oberbegriff der „Wirkstoffe". Zum Beispiel ist die als Vitamin C bezeichnete Ascorbinsäure tatsächlich ein Vitamin für Meerschweinchen, Affe und leider auch für den Menschen, während offenbar alle anderen Tiere diesen lebenswichtigen Stoff in der Leber als „Hormon" selbst aufbauen können.

In seiner biologischen Allgemeinbedeutung trifft sich der Vitamin-T-Komplex mit dem später zu besprechenden Zellteilungshormon Biotin, und ich kann den Verdacht nicht unterdrücken, daß zwischen T-Vitamin und Biotin engere Beziehungen gegeben sind.

In der morphogenetischen Rangordnung müssen wir diesem Großmodifikator Wirkstoffe folgen lassen, die nachweislich für die Bildung a priori und für die Ausprägung der Einzelorgane verantwortlich sind. Einen solchen Prägungswirkstoff konnte Haemmerling als Hormon in prachtvoller Weise in einer Algenfamilie, den Acetabularien, erfassen.

Diese Lebensform bietet eigenartig günstige Verhältnisse für derartige Forschungen. Es sind dies festsitzende Algen warmer Meere, die einem Hutpilz mit flachem Hut und schlankem Stiel ähneln und je nach Art etwa 2–5 cm groß werden (Abb. 5). Trotz dieser Größe bestehen sie nur aus einer einzigen Zelle mit einem allerdings sehr großen Kern und sind in drei Teile gegliedert: in einen verzweigten Basalteil, der als Rhizoidsystem für die Verankerung sorgt, einen schlanken, röhrenförmigen Stiel und den Hut. Der Zellkern liegt in einem Rhizoidast, also sehr exzentrisch; erst vor der Geschlechtsreife teilt er sich in zahlreiche Kerne, die mit der Plasmaströmung in den Hut wandern und dort schließlich in Kammern die Geschlechtsprodukte, die sogenannten Gameten, bilden. Die einzelnen Arten besitzen nun glücklicherweise hohes

Regenerationsvermögen und lassen sich durch Pfropfung vereinigen. Die wichtigsten Artunterschiede sind in der Gesamtgröße und in der Ausbildung des stark differenzierten Hutes gegeben. Pfropfte nun Haemmerling vor der Hutbildung die, wie gesagt, kernlosen Stiele einer Art auf den Basalteil einer anderen, so entwickelte sich der Hut „kerngemäß“, also nicht gemäß dem

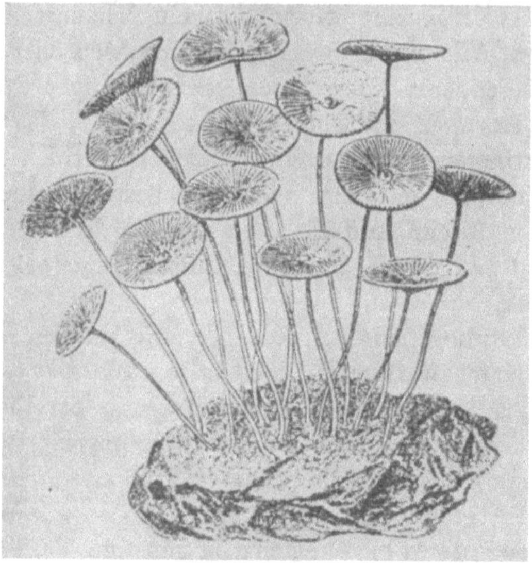

Abb. 5. Acetabularia mediterranea, $^2/_3$fache Größe. (Aus Lehrb. d. Botanik f. Hochschulen., 23 u. 24. Aufl., Verl. von G. Fischer, Jena, 1947.)

Stiel, aus dem er sich unmittelbar entwickelt, sondern gemäß dem weit von der Hutbildungszone entfernten Kern im Rhizoidsystem, der der anderen Art angehört (Abb. 6). Nun wandern die Tochterkerne aus dem Riesenkern nach dessen Teilung durch den artfremden Stiel in den Hut und bilden Gameten. Aus deren Verschmelzung gehen Pflanzen hervor, die völlig mit dem Kernlieferanten, also dem unteren Teil des Pfropfsymbionten, identisch sind.

Dies alles besagt folgendes: Die Zellkerne sondern ein die Hutform bestimmendes stoffliches Prinzip, ein Hormon, ab, das mit Hilfe des artfremden Protoplasmas an die Stelle der Hutbildung geschafft wird und dem artfremden Stielende bei der Ausprägung

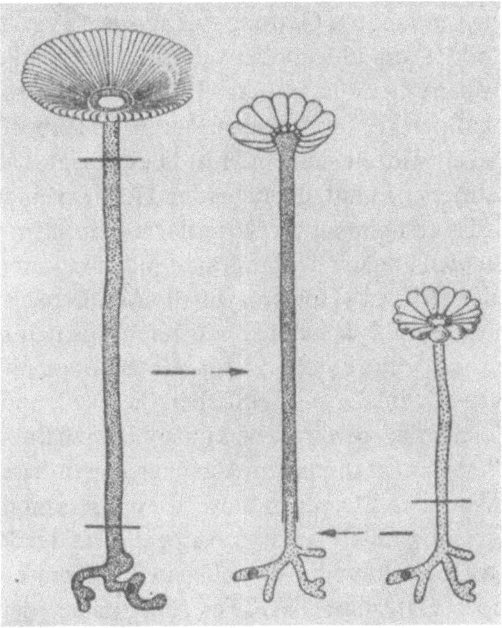

Abb. 6. Schema der Pfropfung von Acetabularia mediterranea (links) auf Acetabularia Wettsteinii (rechts). Das kernlose Stück von A. mediterranea zwischen den beiden Strichen wurde auf den unterhalb des Strichs liegenden, kernhaltigen Abschnitt von A. Wettsteinii aufgepfropft. In der Mitte: Pfropfungsergebnis mit Wettsteinii-Hut. (Aus Joachim Haemmerling, Die Naturwissenschaften **33**, 1946, S. 337.)

der Hutform seine Befehle auferlegt. Da, wie gesagt, die Hutgestalt ein konstantes Artmerkmal darstellt, muß natürlich die Hormonbildung letzten Endes vom Erbträger, den Chromosomen, oder, genauer gesagt, von bestimmten Genen in den Chromosomen ausgehen.

Diesem Hormon ist ein anderes übergeordnet, wie Haemmerling durch einen glücklichen Zufall erweisen konnte. Es gelang ihm, nicht nur Arten innerhalb der Gattung Acetabularia durch Pfropfung zu vereinigen, sondern auch die Gattung Acetabularia mit der nahe verwandten Gattung Acicularia zu verbinden. Diese Acicularia bildet nun glücklicherweise in der künstlichen Kultur aus irgendeinem Grunde keinen Hut. Wird aber der Stiel der Acicularia auf den kerntragenden unteren Teil einer Acetabularia gepfropft, so entwickelt sich ein Hut. Dies besagt, daß außer dem vorhin beschriebenen hutausprägenden Hormon ein weiteres vorhanden ist, das erst einmal die Grundlage, sozusagen das Arbeitsmaterial, für die Tätigkeit des hutgestaltenden Hormons schafft. Es liegt also hier ein Basis-Hormon für die Möglichkeit der Hutbildung a priori vor. Man hat also ein hutbildendes Grundhormon und ein hutausgestaltendes Hormon zu unterscheiden, und aus irgendeinem Grund fehlt eben dieses Grundhormon der Gattung Acicularia, soweit diese künstlich gezüchtet wird. Aber das Grundhormon ist in beiden Algengattungen dasselbe, so daß auf dem Wege der Pfropfsymbiose dieses Hormon der aufgepfropften Acicularia als Vitamin nachgeliefert werden kann. Der entstandene Hut nahm eine Zwischenstellung zwischen den Hüten der beiden Gattungen ein. Dies rührt daher, daß im an sich kernfreien Stiel der Acicularia eine Reserve von Acicularia-Hutbildungsstoff sich befindet, der vor der Abtrennung des Pfropfstiels von seinem kernhaltigen Unterteil vom Zellkern in das Plasma der oberen Stielzone abgegeben worden ist. Dieser Punkt wurde von Haemmerling durch besondere Versuche sichergestellt. Das Vorhandensein von nicht artspezifischen Grundhormonen auch beim Tier läßt sich schon aus den Transplantationsversuchen Spemanns an Amphibienkeimen ableiten.

Über den chemischen Charakter dieser Algenhormone wissen wir bis jetzt noch nichts, ebensowenig wie über die Struktur der von Goetsch gefundenen Großmodifikatoren. Wir dürfen aber die Hoffnung in beiden Fällen hegen, daß die Aufklärung eines Tages gelingen wird. Denn in beiden Fällen ist der stoffliche Charakter der wirkenden Prinzipien absolut sichergestellt, und wir werden noch sehen, daß die Chemie derartigen Aufgaben heutzutage gewachsen ist.

Einen besonders merkwürdigen Fall der Abhängigkeit einer Organbildung von Wirkstoffen kennen wir vom Mutterkornpilz (Abb. 7). Dieser ungeheuer gefährliche, in der Hand des Arztes jedoch wertvolle Parasit des Roggens frißt sozusagen dessen Blütenorgane auf und entwickelt sich an deren Stelle zu einem harten, dem Hahnensporn ähnlichen Gebilde, das nur aus vegetativen Zellen besteht und nach seiner Reife abfällt. In diesem Ruhezustand, dem sogenannten Sclerotium, das die Droge darstellt, überwintert der Pilz, um im kommenden Frühjahr genau zur Zeit der Roggenblüte langgestielte Fruchtkörper zu entwickeln, in denen Sporen entstehen. Diese gelangen auf die Roggenblüte und infizieren sie von neuem; andere Infektionsorte sind nicht gegeben. Das zeitliche Zusammenfallen von Fruchtkörperbildung und Roggenblüte rührt daher, daß, wie Schweizer fand, der Blütenpollen des Roggens auf die Mutterkornsclerotien fällt und diese zur Bildung der Fruchtkörper an-

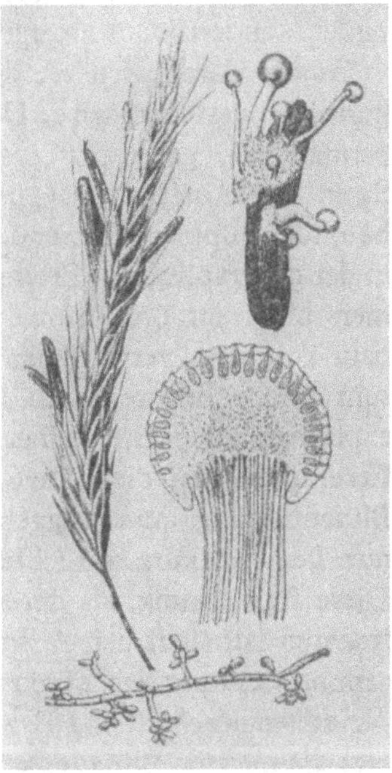

Abb. 7. Claviceps purpurea, Mutterkorn. Links: Roggen mit Sclerotien. Rechts oben: Sclerotium mit Fruchtkörper. Rechts Mitte: Fruchtkörper-Längsschnitt. Unten: Konidiosporen, die sich in der Roggenblüte vor der Sclerotienbildung entwickeln. (Aus Lehrb. d. Botanik f. Hochschulen, 23. u. 24. Aufl., Verl. von G. Fischer, Jena, 1947.)

regt. Pollen anderer Pflanzen sind wirkungslos. Das in Frage kommende stoffliche Prinzip des Roggenpollens ist wasserlöslich und hitzebeständig, aber chemisch noch nicht klargestellt. Das Mutterkorn hat sich also einen im Roggenpollen spezifisch vorhandenen Stoff als Wirkstoff zunutze gemacht, um damit die Fruchtkörperbildung auszulösen – ein Gegenstück zur Bildung der Insektengallen mit der Variante, daß der angriffslustige Mutterkornpilz seinen Wirkstoff nicht wie das Insekt selbst bildet, sondern vom anzugreifenden Objekt bezieht.

Immer klarer wird es, daß auch die Ausprägung der Blüte hormonal gesteuert wird. Den hierfür maßgebenden Hormonen kommt man gegenwärtig auf eigenartigen Umwegen auf die Spur. Die Amerikaner Garner und Allard selektionierten eine besonders üppig wachsende Maryland-Tabaksorte, die jedoch in der geographischen Breite von Washington während des Sommers nicht zur Blüte kam. Während des Winters im Gewächshaus kultiviert, verringerten die Pflanzen ihr vegetatives Wachstum und gaben reichlich Blüten und Früchte. Nach einigem experimentellen Hinundher gelangten Garner und Allard zur Erkenntnis, daß die Länge der täglichen Beleuchtung für die Blütenbildung ausschlaggebend war und daß ihre Tabaksorte nur bei der kurzen Lichtdauer des Wintertags fertil wurde. Diese Entdeckung, als deren Geburtsjahr das Jahr 1920 zu betrachten ist, stellt den Ausgangspunkt einer völlig neuen Forschungsrichtung dar, deren Gegenstand mit dem Namen Photoperiodismus belegt wird. Es zeigte sich in der Folge, daß im Grundsatz die meisten Blütenpflanzen in Langtags- und Kurztagspflanzen aufzuteilen sind und naturgemäß die Kurztagspflanzen in niederen Breiten zu Hause sind, während die Flora unserer Breiten mit ihren langen Sommertagen nur bei mehr als ungefähr 14 Stunden Tageslichtdauer zur Blütenbildung schreitet (Abb. 8). Für den Züchter ist es jedoch von Bedeutung, daß ein und dieselbe Art zur Bildung von Langtags- und Kurztagsrassen befähigt sein kann.

Wir können hier aus den vielfachen Konsequenzen dieser Entdeckung nur die Frage herausgreifen, ob es stoffliche Faktoren sind, die den Vegetationskegel des Sprosses, d. h. dessen embryonalen Teil, in Abhängigkeit von der Tageslänge dazu bestimmen, entweder vegetativ, also mit Blatt- und Seitensproßbildung, weiterzuwachsen oder sich in ein Blütenbildungszentrum umbilden zu lassen. Zahlreiche Versuche zeigen klar, daß auch hier in der

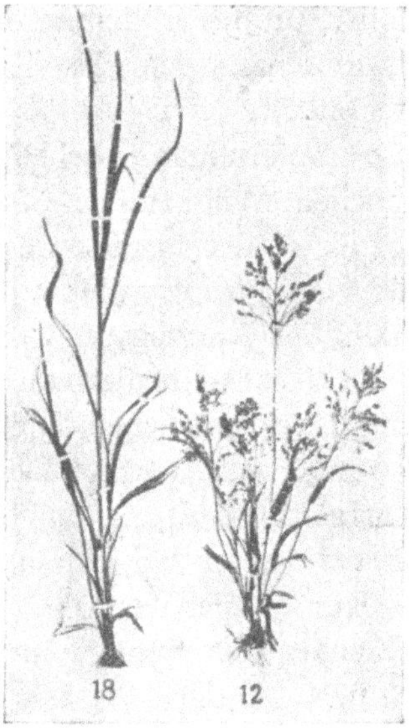

Abb. 8. Links: Hirse (Kurztagspflanze) im 18- und 12-Stundentag. Rechts: Gerste (Langtagspflanze) im 12- und 18-Stundentag. (Aus R. Schick, Photoperiodismus, Der Züchter **4**, 1932, S. 122.)

Tat Hormone am Werke sind, die gegenwärtig teils als Florigen, teils als Metaplasin zusammengefaßt werden. Der Tatbestand ist jedenfalls folgender: Die viel kultivierten Chrysanthemen sind meistens Kurztagspflanzen; sie blühen in den kurzen Tagen des November und zeigen sehr scharfe Reaktionsgrenzen. Bei einer der untersuchten Rassen beläuft sich die günstigste Belichtungsdauer auf 7–10 Stunden täglich, wobei die Blütenknospen 23 Tage nach Beginn der Anzucht aus Stecklingen erscheinen. Bei geringerer Tageslänge dauert dies 36 Tage, bei größerer 65 Tage. Völlig blütenfrei bleiben die Pflanzen, wenn sie weniger als 4 Stunden 10 Minuten oder länger als 14 Stunden 30 Minuten Tageslicht erhalten.

Diese Steuerung der Blütenbildung geht von den Blättern aus. Werden sämtliche Blätter bis auf die drei obersten entfernt und lediglich das oberste Blatt mittels entsprechender Umhüllung als Kurztagsblatt behandelt, während die übrigen Pflanzenteile sich im Langtag befinden, also täglich länger als 14 Stunden belichtet werden, so bildet der Achselsproß, der sich an der Basis des Kurztagsblattes entwickelt, Blütenknospen. Das Kurztagsblatt determiniert also die Blütenbildung.

Der stoffliche Charakter dieses Determinators erhellt besonders eindringlich aus Pfropfversuchen. Man kann eine Langtagsrasse des Tabaks mit Erfolg auf eine Kurztagsrasse des Bilsenkrauts aufpfropfen. Wird nun der ganze Pfropfsymbiont im Langtag gehalten, so schreitet trotzdem der Kurztagspartner Bilsenkraut zur Blütenbildung. Wir haben hier also eine Fernwirkung vor uns, die nur auf der Wanderung eines stofflichen Prinzips beruhen kann. Dieser Stoff wird vom Langtagspartner Tabak eben auf Grund des gebotenen Langtags gebildet, wandert in den Kurztagspartner Bilsenkraut und überwindet dort die Hemmungen, denen die Blütenbildung dieses Kurztagspartners unter den gegebenen, für ihn ungünstigen Langtagsbedingungen unterliegt. Zum zweiten besagt dieses Ergebnis, daß diese Wirkstoffgruppe zum mindesten nicht gattungsspezifisch ist und wir offenbar ein Grundhormon vor uns haben, wie wir es von der Alge Acetabularia her schon kennen. Nach allem, was bis jetzt bekannt geworden ist, sieht es so aus, als ob der blütenbildende Stoff zur Gruppe der Sexualhormone gehört, die uns als Wirkstoffe im Tierkörper schon weitgehend bekannt sind und auch in den Blüten verbreitet sind. Die Komposite Callistephus sinensis zeigt normales Blühen im Zwölfstundentag. Im Achtstundentag wird die Blütenbildung stark verzögert, kann aber nach Chouard um ein bis zwei Monate beschleunigt werden, wenn die Pflanze im Gießwasser ein Sexualhormon, und zwar wöchentlich 25 γ Dihydrofollikulin (Oestradiol), erhält. Ein γ ist gleich ein Milliontel Gramm. Das

Dihydrofollikulin spielt eine bedeutsame Rolle bei der Sexualfunktion von Mensch und Tier.

Nach dem vorher Gesagten bildet also das Blatt in Abhängigkeit von der Länge des ihm gebotenen Lichttages und völlig unabhängig von Nachbarblättern, die unter blühhemmenden Lichttagsbedingungen stehen, das Blühhormon aus. Aber es bestehen doch auch merkwürdig enge Beziehungen zwischen den gegensinnig mit Licht versehenen Blättern, wie sich an günstigen Objekten ermitteln ließ. Der Spinat ist eine Langtagspflanze und blüht normal im 17- bis 18-Stundentag. Sie werden daher begreifen, weshalb wir bei uns nur im Frühjahr und Herbst mit Spinat als Blattgemüse rechnen können. Werden alle Blätter bis auf zwei benachbarte entfernt, so kann mit deren Hilfe geradezu eine Präzisionssteuerung der Blütenbildung vorgenommen werden, wenn diese beiden Blätter gegensätzlichen photoperiodischen Lichtbedingungen ausgesetzt werden. Werden die beiden Blätter im Kurztag gehalten, so erfolgt keine Blütenbildung; befindet sich das obere der beiden Blätter im Kurztag, das nahe dabei stehende untere Blatt im Langtag, so blüht die Pflanze nach 20 Tagen. Befindet sich umgekehrt das obere Blatt im Langtag, das untere im Kurztag, so blüht sie schon nach 17 Tagen, und befinden sich beide Blätter im Langtag, dann blüht sie noch früher, nämlich schon 14 Tage nach Versuchsbeginn. Bei einer Langtagspflanze übt also ein im Kurztag gehaltenes Blatt einen Hemmungseffekt auf die Wirkung der Langtagsblätter aus. Da diese Hemmung größer ist, wenn das hemmende Kurztagsblatt über dem das Blühhormon bildenden Langtagsblatt steht, so scheint das Kurztagsblatt den Hormonstrom vom Langtagsblatt in die blütenbildende Zone zu blockieren. Aber dies kann nicht die Erklärung für alles bieten. Wir haben daran zu denken, daß die Hemmung der Blütenbildung nicht eine Inaktivierung der embryonalen Gewebe bedeutet, sondern daß diese unter blühhemmenden Tagesbedingungen sich vegetativ weiterentwickeln, also Blätter und Seitensprosse bilden. Wir werden nachher sehen, daß die Tätigkeit der embryonalen Gewebe noch anderen hormonalen Steuerungen unterliegt, die sich auf Zellteilung und Zellstreckung beziehen.

Es handelt sich hier überhaupt um ein vielseitig schillerndes Problem. Wird z. B. eine Kurztagspflanze unter günstigsten Kurztagsbedingungen gehalten, die also Blütenbildung veranlassen, so genügt der Lichtblitz einer Osram-Vacublitzlampe von $^1/_{40}$ Sekunden Dauer während einer bestimmten Phase der täglichen Verdunkelungsperiode, um die Blütenbildung aufs stärkste zu beeinträchtigen. Dies führt zur Folgerung: Nicht die Licht-Zeitsumme ist für die Entwicklung maßgebend, sondern die Darbietung des Lichts zu bestimmten Zeitpunkten. Dies versteht man, wenn man weiß, daß wir in der Pflanze mit einer von inneren Faktoren abhängigen Rhythmik zu rechnen haben, die im allgemeinen eine 24stündige Periode aufweist. Wenn wir z. B. sehen, daß Bohnenkeimlinge die Blattspreiten vormittags heben und abends wieder senken, so ist dies keine unmittelbare Lichtwirkung. Werden nämlich derartige Pflanzen bei konstanter Temperatur ins Dunkle gebracht, so schwingen die Blätter tagelang im alten Rhythmus weiter. Diese Blattbewegung ist aber nur das äußerliche Symptom für periodische Änderungen des Stoffwechsels. Sie kommt durch Änderung des osmotischen Drucks in den Zellen der Blattgelenke zustande.

Wir können daher rebus sic stantibus mit dem Botaniker Bünning sagen: Der Vorgang der Blühhormonbildung ist ein Glied der inneren Rhythmik und folgt bei den Kurztagspflanzen anderen zeitlichen Gesetzen als bei den Langtagpflanzen. Ein kurzer Lichtblitz, der Kurztagspflanze in einer sensiblen Phase ihrer Dunkelperiode verabreicht, stört den rhythmisch bedingten Prozeß der Blühhormonbildung oder der Mobilisierung eines schon vorhandenen Blühhormons. Der für eine Störung dieser Rhythmik durch Licht geeignete Zeitpunkt in der Verdunkelungsperiode konnte mit aller Schärfe erfaßt werden. Ich glaube, die Medizin kann aus diesen Ergebnissen vieles auf die Rhythmik des menschlichen Körpers übertragen.

Das biochemische Begreifen des Photoperiodismus kann natürlich nur durch Verwendung definierter Lichtqualitäten angebahnt werden. Bis jetzt ist so viel klar, daß im wesentlichen diejenigen Wellenlängen am wirksamsten sind, die vom Blattgrün, dem Chlorophyll, absorbiert werden. Infrarotes und ultraviolettes Licht sind völlig unwirksam. Die Beteiligung des Chlorophylls kann aber nichts mit dessen Hauptfunktion, der Zuckerbildung aus Kohlensäure mit Hilfe der Lichtenergie, zu tun haben. Denn die bei den photoperiodischen Reaktionen wirksamen Intensitäten der einzelnen Wellenlängen sind so gering, daß sie für die Zuckererzeugung nicht in Frage kommen. Wichtig ist es vor allem, daß dieselben Wellenlängen für Hemmung der Blütenbildung bei Kurztagspflanzen und für Förderung der Blütenbildung bei Langtagspflanzen maßgebend sind.

Der Einfluß der Tageslänge beschränkt sich nicht auf die Blütenbildung. Die Knollenbildung der Kartoffel, die Frosthärte zahlreicher Kulturpflanzen und vieles andere sind von der Länge des Tags und damit von der Zeit der Aussaat im hohen Maße abhängig, so daß hier ein Arbeitsgebiet vorliegt, dessen Bedeutung für die Landwirtschaft nicht überschätzt werden kann und vor allem in Rußland mit seinen schwierigen klimatischen Verhältnissen durch Čajlachjan u. a. stärkste und erfolgreiche Beachtung findet.

Das Arbeitsprogramm an sich ist einfach. Es heißt, die photoperiodischen Eigenschaften in den Pflanzenanbau und in die Pflanzenzüchtung hineinzutragen. Aber es ist kompliziert durch die Tatsache, daß die Pflanzenentwicklung nicht nur durch die Tageslänge, sondern vor allem durch die Temperatur und die Stickstoffernährung stark mitbestimmt werden kann. Hier kommen merkwürdige Interferenzen vor. Werden Sämlinge der Zucker- oder der Futterrübe bei tiefer Temperatur (+1° bis +4°) im Kurztag gehalten und darauf bei höherer Temperatur im Langtag als Gewächshauspflanzen weiterkultiviert, so wird die Blühsproßbildung ausgelöst, die bei diesen Pflanzen normalerweise erst im zweiten Jahr einsetzt. Damit decken sich die Erfahrungen mit frühen Aussaaten im Feldversuch, d. h. das unerwünschte Schossen und Blühen im ersten Jahr wird durch Frühaussaat begünstigt.

Also Sie sehen, die blütenbildenden Stoffe unseres Altmeisters Sachs existieren in der Tat und sind nicht, wie seine Zeitgenossen annahmen, Produkt seniler Phantasie. Ohne es damals ahnen zu können, hat Sachs sogar dem Photoperiodismus sein Recht gelassen. Ich sah mir einmal seine ausführlichen Protokolle durch und fand, daß er seine Versuche in zeitlicher Symmetrie in bezug auf das Sommer-Solstitium ausgeführt hatte. Seine nichtblühenden Begoniablattstecklinge zog er im Mai, seine blühreifen erhielt er Ende Juli. Er arbeitete also in beiden Fällen unter gleicher Belichtungsdauer, so daß seine Versuche auch hinsichtlich der Tageslänge keiner Korrektur bedürfen. Auch nimmt er ausdrücklich das Laubblatt als Bildungsstätte seiner organbildenden Stoffe in Anspruch. – „Ein guter Mensch in seinem dunkeln Drange ist sich des rechten Weges wohl bewußt.“

Aus meiner Darstellung können Sie den Eindruck erhalten, als ob alles getan wäre, wenn wir den Wirkungskomplex der blütenbildenden Stoffe in des Wortes derzeitiger Bedeutung in die Hand bekommen. Hier muß ich Sie an das erinnern, was ich über die Wirkstoffe der Acetabulariaceen mitgeteilt habe, als ich Ihnen die Existenz eines Grundprinzips für die Hutbildung als solche und eines zweiten Prinzips für die artgemäße Ausprägung des Hutes schilderte. Die Blüte ist das höchstdifferenzierte Organ der Pflanze und führt allermeist die Geschlechtsprodukte oder Gameten beider Geschlechter; sie ist meist zwittrig. Wir haben daher die Frage zu klären, warum bestimmte Zellen des zunächst völlig einheitlichen embryonalen Bildungsgewebes für eine Blüte sowohl männliche als weibliche Geschlechtsorgane bilden können und welche dem Grundhormonkomplex für Blütenbildung untergeordnete Prägungsstoffe dahinter stehen.

Hier helfen einigermaßen Untersuchungen an einfacheren Fällen weiter. Die Schachtelhalme, die zu den Farngewächsen gehören, treten wie alle Farne in zwei Lebensformen auf. Eine ungeschlechtliche Generation, der eigentliche Schachtelhalm, bildet Sporen, die im Boden sich zu Geschlechtspflanzen entwickeln, zu einem Prothallium. Dieses ist höchstens einen Zentimeter lang, besteht aus wenigen Zellen und trägt Geschlechtsorgane, die Eizellen oder Spermien bilden. Dabei sind männliche und weibliche Individuen zu unterscheiden. Aus der Eizelle geht nach der Befruchtung wieder der Schachtelhalm hervor (Abb. 9). Das Verhältnis von Männchen zu Weibchen ist bei guter Ernährung gleich 1:1, bei schlechter Ernährung überwiegen die männlichen

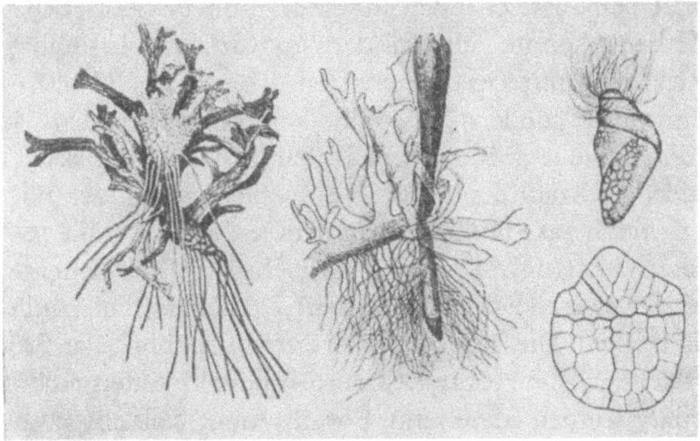

Abb. 9. Schachtelhalm. Links: Prothallium. Mitte: Keimling der eigentlichen Schachtelhalmpflanze. Rechts unten: dasselbe im Embryonalzustand. Rechts oben: Spermium. (Aus Lehrb. d. Botanik f. Hochschulen, 23. u. 24. Aufl., Verl. v. G. Fischer, Jena, 1947.)

Prothallien. Ich versuchte nun, den Prozentsatz der weiblichen Individuen auch bei schlechter Ernährung durch Zugabe von reinem Oestron aus dem Harn trächtiger Stuten, dem bekannten weiblichen Sexualhormon, zu steigern. Versuche mit hunderten von Individuen ergaben, daß sich auf diesem Weg die Relation männlich:weiblich auf 1:1 bringen läßt, während bei den Kontrollen auf 31 Weibchen 69 Männchen kamen. Es sieht also so aus, als ob in der Hälfte der Prothallien ein Gen für die

Bildung eines Stoffes der Follikelhormongruppe vorhanden ist, das sich aber nur bei guter Ernährung voll auswirken kann und bei ungenügender Ernährung in den weiblich determinierten Prothallien durch zugeführtes Hormon ersetzbar ist. Wir kennen schon viele Beispiele dafür, daß Genwirkung mit Stoffbildung identisch sein kann. Bei getrenntgeschlechtlichen Blütenpflanzen dagegen, insofern sie wie der Schachtelhalm im Sexualcharakter labil sind, konnte ich mit Oestron keine Erhöhung des Prozentsatzes an weiblichen Individuen erzielen. Offenbar besitzen sie a priori einen ausreichenden Bestand an Sexualhormonen.

Allerdings konnte ich bei der Tomate eine Erhöhung des Fruchtertrages mit Oestron erzielen, wofern die Pflanzen nicht in Humuserde, sondern in Sandboden gezogen wurden. Zu Beginn der Ernte ergab sich ein Früchte-Mehrertrag von 110%, nach der Stückzahl bemessen. Dieser glich sich in der Folge jedoch ziemlich aus; immerhin lag der Gesamtertrag mit 10–15% über dem der Kontrollen. Das Gewicht der Einzelfrüchte aber lag bei den hormonisierten Pflanzen durchschnittlich unter dem der Kontrollen. Dies zeigt, daß der durch Erhöhung der Früchtezahl gegebene Mehrverbrauch an Grundnährstoffen nicht völlig befriedigt werden kann und Eiweiß- und Kohlehydratmangel als begrenzender Faktor in Erscheinung tritt.

Nach allen meinen Erfahrungen ist eine wirtschaftlich bedeutsame Ertragssteigerung bei unseren Kulturpflanzen durch Zugabe irgendwelcher Wirkstoffe nicht zu erwarten. Die Hormongarnitur der höheren Pflanzen ist ausgeglichen, da diese im Gegensatz zu niederen Pflanzen, vor allem zu Symbionten und Parasiten, alle nötigen Wirkstoffe selbst zu bilden vermag. Auch steht die Hormonbildung im Gleichgewicht mit Zuckersynthese und Eiweißbildung. Ich muß dringend vor Großversuchen dieser Art warnen, wie sie mit einem später zu besprechenden, die Zellstreckung steuernden Wirkstoff schon durchgeführt worden sind. Die Zuckerrübenwirtschaft der Magdeburger Börde weiß davon ein Lied zu singen. Der Initiative wissenschaftlich getarnter Unternehmer verdankte sie während des Krieges einen

Millionenschaden. Ich wurde erst geholt, als das Kind in den Brunnen gefallen war.

Bis jetzt sprach ich nur von der Wirkung der Sexualhormone auf das weibliche Geschlecht. Wir wissen aber heute, daß wir zwischen weiblichen und den ihnen chemisch sehr nahe stehenden männlichen Sexualhormonen keinen bipolar sexuellen Funktionsunterschied machen dürfen. Denn es kommt im wesentlichen nur auf die Dosierung an; je nach der Quantität kann ein und dasselbe Sexualhormon sowohl auf das männliche als auch auf das weibliche Geschlecht einwirken. Man hat dabei die Erfahrung gemacht, daß die Wirkung der vorzüglich als weibliche Sexualhormone imponierenden Wirkstoffe sich beim männlichen Organismus anscheinend auf die Organe beschränkt, die entwicklungsgeschichtlich bestimmten Gebilden des weiblichen Sexualapparats entsprechen. Hierzu gehören Prostata, Samenblase und andere Drüsen. Diese Tatsache ist für die daraufhin noch nicht untersuchten Verhältnisse bei den Blütenpflanzen von höchster Bedeutung. Wenn wir sehen, daß diese Sexualhormone beim Tier u. a. das Wachstum des Uterus, der Vagina und der ebengenannten männlichen Organe steuern, so ist daraus zu folgern, daß für die Pflanze, in der diese Stoffklasse in den Blüten ebenso vertreten ist, dieselben Gesetzmäßigkeiten gelten. Es müssen also in der Blüte von der Oestrongruppe alle die Organbildungen abhängen, die als Hilfseinrichtungen der Entwicklung der Eizelle und der Spermakerne dienen, nämlich Fruchtknoten und Staubblätter. Es ist kein Zufall, daß wir über die Wirkung der Oestrongruppe im Tierkörper gegenwärtig mehr wissen. Das Tier ist, letzten Endes auf Grund seiner Beweglichkeit, innerlich und äußerlich weit stärker differenziert als die Pflanze. Daher sind die Wirkungen irgendwelcher Prägstoffe beim Tier weit sinnfälliger als bei der Pflanze.

Meine bisherigen Ausführungen berührten, wie Sie sehen, noch nicht das Zentralproblem der geschlechtlichen Differenzierung, nämlich noch nicht die Frage nach der kausalen Bedingtheit der Gametendifferenzierung in männlich und weiblich, d.h.

in der Mehrzahl der Fälle die Bildung des Eies und der Spermazelle. Es zeigte sich, daß auch dieses Fundamentalgeschehen von stofflichen Prinzipien gesteuert wird. Die Untersuchungen auf diesem Gebiet gehören zu den großartigsten unserer Zeit und sind in erster Linie dem Chemiker Richard Kuhn und dem Biologen Franz Moewus zu verdanken.

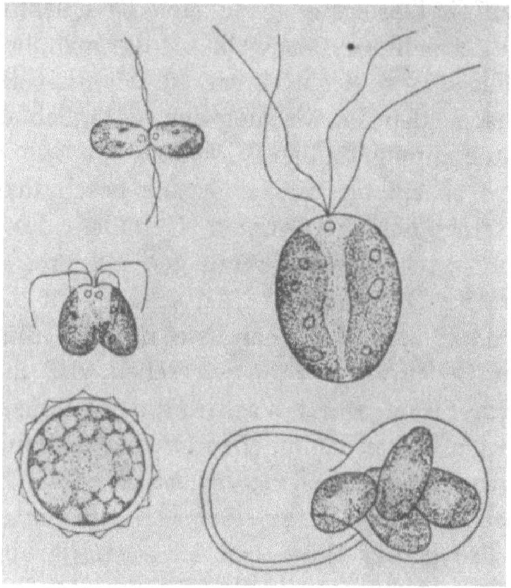

Abb. 10. Chlamydomonas: Rechts unten: Ausschlüpfen der Gameten. Die drei oberen Teilabbildungen: Gametenkopulation. Links unten: Ruhezustand (Zygote) nach der Kopulation. (Aus Lehrb. d. Botanik f. Hochschulen, 23. u. 24. Aufl., Verl. von G. Fischer, Jena, 1947.)

Ausschlaggebend war auch hier die Auffindung eines passenden Objekts. Es handelt sich um eine unscheinbare einzellige Grünalge, Chlamydomonas eugametos (Abb. 10). Schickt diese sich zur geschlechtlichen Fortpflanzung an, so teilt sie sich in 2 bis 64 Zellen, die sich nur durch geringere Größe von der Mutterpflanze unterscheiden und wie diese mit zwei Geißeln als Bewegungsorganen versehen sind. Obwohl sie sich im Mikroskop völlig gleichen, so sind sie doch geschlechtlich differenziert, da nur bestimmte Zellen mit bestimmten anderen kopulieren. Wir haben die bei primitiven Pflanzen häufige Isogamie vor uns, d. h. die Gameten sind nicht als unbewegliche Eizellen und bewegliche Spermien ausgebildet, sondern sind morphologisch gleichwertig. Die geschlechtliche Differenzierung weist man nach, indem man Gameten aus verschiedenen Kulturen zusammenbringt; denn Chlamydomonas eugametos ist getrenntgeschlechtlich, so daß also nur die Gameten aus bestimmten Kulturen miteinander kopulieren können. Auch läßt sich feststellen, welche Gametensorte die männliche bzw. die weibliche ist. Man kann nämlich diese Gameten mit Gameten aus verwandten Gattungen kreuzen, bei denen die Gameten sich in der Größe unterscheiden und die größeren und zugleich weniger beweglichen natürlich als weiblich zu betrachten sind.

Der Ausgangspunkt für eine chemische Untersuchung der Sexualvorgänge ergab sich aus folgender Beobachtung von Moewus: An sich kopulationsbereite Gameten kopulieren nur im Licht. Jedoch kann die Kopulation im Dunkeln erzwungen werden, wenn den Gameten zellfreie Filtrate von belichteten Gametenkulturen zugefügt werden.

Nun kam der Chemiker Kuhn zu Hilfe, und es stellte sich in jahrelangen, noch im Gang befindlichen Arbeiten heraus, daß ein ganzer Komplex der chemisch verschiedenartigsten Körper sowohl die Gametenbildung, als auch den Sexualakt bestimmt. Erstaunlicherweise handelt es sich um Stoffe oder Stoffgruppen, die als Pflanzenbestandteile schon längst bekannt sind. In erster Linie sind es Vertreter der Carotingruppe, die zu den funktionell vielseitigsten Zellbestandteilen in Pflanze und Tier gehört, jedoch nur von der Pflanze gebildet wird, also dem Tier durch Ernährung mit Pflanzen oder pflanzenfressenden Tieren zugeführt werden muß. Wir können hier nur ihre Bedeutung für den Sexualapparat betrachten, für den sie offenbar ganz allgemein von Bedeutung sind. Denken wir nur an das Eigelb, dessen Farbe durch Carotinoide bedingt ist, an den sogenannten Gelbkörper des Eierstocks und anderes mehr! In mühsamer Arbeit ergab sich, daß für die Sexualfunktion bei Chlamydomonas eugametos ein Carotinoid maßgebend ist, das als Crocin bekannt ist. Dieses hat seinen Namen von einer Crokusart, dem Safran, dessen Blütengriffel, d. h. der offizinelle Safran, ihre braunrote Farbe dem Crocin verdanken. Mit dem Crocin ist wahrscheinlich chemisch das Picrocrocin verbunden, der Bitterstoff des Safrans, der sich nach der Abspaltung vom Crocin leicht in einen Zucker und das sogen. Safranal weiter zerlegen läßt. Ein Crocin-Reinpräparat aus Safran bewirkte die Ausbildung von Geißeln in geißellosen Zellen und zwar in höchst spezifischer Weise. Denn es genügt ein Molekül Crocin je Individuum zur Geißelbildung. Dabei tritt die merkwürdige Erscheinung auf, daß fünf Minuten nach der Crocinzugabe in der Lösung 500mal mehr Geißelbildungsstoff vorhanden ist, als Crocin tatsächlich zugegeben wurde. Offenbar leitet das zugefügte Crocinmolekül in der Zelle einen Vorgang ein, bei dem der Geißelbildungsstoff aus einer in der Zelle vorhandenen Vorstufe in größerer Molekülzahl entsteht. Wir haben hier also das Schauspiel, daß ein von außen her der Zelle einverleibter toter Stoff sich scheinbar in der Zelle vermehrt, ein Vorgang, der uns bei der Virusbildung nach Virusinfektion geläufig ist, wenn auch deren Mechanismus wohl anders zu erklären ist.

Ehe die Kopulation der beiden Geschlechter erfolgt, muß aber erst die Ausprägung des Geschlechtscharakters, die Determinierung der indifferenten Gameten erfolgen. Diese kann im Experiment von dem vorhin erwähnten Safranal erzwungen werden, das die Gameten männlich macht und als Androtermon bezeichnet wird. Noch stärker wirksam erwies sich ein anderer, dem Safranal nahe verwandter Stoff. Eigenartigsterweise gehört nun der Stoff, der die Gameten weiblich macht, also das Gynotermon, nicht zu den bisher erwähnten Körpern, sondern zu der weit im Pflanzenreich verbreiteten Farbstoffklasse der Flavonole und wurde als Isorhamnetin identifiziert. Auch diese beiden letztgenannten Termone wirken noch geschlechtsbestimmend, wenn der Zelle jeweils ein Molekül Andro- oder Gynotermon zugeführt wird. Sind beide Termone vorhanden, so siegt das im Überschuß befindliche. Herr Moewus hat mir kürzlich mündlich mitgeteilt, es bestehe Verdacht, daß auch ein Vertreter der Anthocyane, denen die Blüten ihre rote oder blaue Farbe verdanken, als Androtermon wirkt[1]). Dies ist von höchster Bedeutung, da die Anthocyane einfach eine Reduktionsstufe der Flavonole darstellen und damit für die geschlechtliche Differenzierung das Reduktions-Oxydations-Potential der Zelle maßgebend werden könnte, wie dies schon von anderer Seite mit starker Betonung behauptet worden ist. Das als Gynotermon wirkende Isorhamnetin würde also nach seiner in einer einfachen Wasserstoffanlagefung bestehenden Reduktion zu Anthocyan als Androtermon rungieren. Ich habe selbst vor vielen Jahren bewiesen, daß die Pflanze Flavonole zu Anthocyanen reduzieren kann.

Nunmehr kann die Anlockung der männlich gewordenen Gameten durch die weiblich gewordenen und die Kopulation beider erfolgen. Auch diese Vorgänge werden durch Stoffe ausgelöst und zwar durch Abbauprodukte des Crocins, des vorhin erwähnten Geißelbildungsstoffes. Das Crocin ist nämlich ein zusammengesetzter Körper, der sich in einen Zucker und in das Crocetin, das eigentliche Carotinoid, spalten läßt. Als Anlockungs- und Kopulationsstoff ist das Crocetin in Form seines Dimethylesters wirksam. Denn das Crocetin ist eine Säure. Hier ist nun die Geschlechtsspezifität der Wirkung auf die Spitze getrieben. Das Crocetin tritt in zwei Modifikationen auf. Diese unterscheiden sich in verschiedenen räumlicher Anordnung der Einzelbausteine des Moleküls und werden in der Chemie als cis- und trans-Modifikation unterschieden, worauf ich hier nicht einzugehen brauche. Anlockung der männlichen Gameten durch die weiblichen und die Kopulation kommen nur dann zustande, wenn die weiblichen Gameten das Gemisch der beiden Crocetin-

[1]) Wurde inzwischen veröffentlicht.

ester im Verhältnis von 3 cis : 1 trans und die männlichen Gameten das Gemisch im umgekehrt Verhältnis 1 cis : 3 trans enthalten.

Die Bildung dieser beiden Systeme in der Zelle ist von der Bestrahlung mit blauem und violettem Licht abhängig, also von der Strahlengattung, die von den Carotinoiden absorbiert wird. Damit erklärt sich die Grundbeobachtung von Moewus, daß zur Erzielung der Kopulationsfähigkeit Belichtung der Gameten nötig ist. Verdunkelt oder im unwirksamen Rotlicht aufgezogene Gameten können aber auch durch zellfreie Kulturfiltrate zur Kopulation gebracht werden, wofern die Filtrate zuvor mit Blaulicht behandelt wurden. Hierbei kommt es sehr stark auf die Belichtungsdauer an. Soll ein auf die männlichen Gameten wirkendes cis-trans-Gemisch erzeugt werden, muß man länger belichten als zur Erzeugung des weiblichen Gemisches. Wie erwähnt, wiegt in den männlichen Gemischen die trans-Form vor und diese ist nach chemischen Erfahrungen die stabile Form, die aus der labilen cis-Form durch Belichtung entsteht. Somit steht das Verhalten der Gameten bei der Kopulation in bester Übereinstimmung mit den bekannten photochemischen Eigenschaften des Crocetins.

Auf diese Arbeiten warf der spanische Bürgerkrieg seine Schatten. Spanien ist nicht nur das schöne Land des Weins und der Gesänge, sondern auch des Safrans. Das gegenüber dem trans-Crocetin weit seltenere, weil labilere, cis-Crocetin konnte Richard Kuhn nur aus einer bestimmten Safransorte isolieren, die ausgerechnet im Niemandsland zwischen den Fronten angebaut wurde, so daß keinem der feindlichen Brüder vergönnt war, in die Sexualsphäre von Chlamydomonas eugametos einzugreifen.

Ich habe Ihnen diese Arbeiten ausführlicher geschildert, weil sie Elementarfragen der gesamten Biologie betreffen. Auch werden Sie ein Gefühl dafür erhalten haben, welches Maß an Wissen, Erfahrung und Instinkt zur Bewältigung derartiger Aufgaben gehört. Auf dieser Basis entwickelt sich gegenwärtig eine

Biochemie der Sexualität im ganzen. Überall, wo das Problem bisher greifbar war, ergab sich die stoffliche Bedingtheit der einzelnen Phasen in der Sexualfunktion, bei der irgendwelche Carotinoide wohl immer beteiligt sind, aber auch Stoffe maßgebend sind, die bei dem Paradeobjekt Chlamydomonas keine Rolle spielen. Zum Beispiel gehört das weibliche Gamon der Seeigel zu den Naphthochinonfarbstoffen. Seesterne, Schnecken und Muscheln zeigen im Grundsatz dieselben Verhältnisse, ebenso die Forelle, die kürzlich Max Hartmann zusammen mit chemischen Mitarbeitern untersuchte und dabei naturgemäß auch für die Forellenzucht wertvolle Ergebnisse erhielt.

Wenn wir nunmehr auf der Stufenleiter der Organisatoren weiter herabsteigen, so kommen wir zu den Stoffen, die die elementaren Entwicklungsvorgänge der Zellneubildung zu steuern haben. Wir müssen hier bis auf den berühmten Streit zwischen Louis Pasteur und Liebig zurückgreifen. Nachdem Pasteur seine Behauptung vom biologischen Charakter der Gärung dadurch bekräftigte, daß er zum Wachstum der Hefe nur vergärbare Zucker und Salze benötige, widersprach dem Liebig, da er unter den von Pasteur angegebenen Ernährungsbedingungen kein Hefewachstum erzielte. Erst 32 Jahre später, im Jahre 1901, fand E. Wildiers in Löwen, daß beide Forscher recht hatten. Er stellte fest, daß in der Pasteurschen Nährlösung Hefewachstum nur erreichbar ist, wenn diese mit größeren Hefemengen beimpft wird, als sie Liebig anwandte. Aber es gelang ihm, auch mit kleineren Impfmengen Hefekulturen zu erzielen, wenn er der Nährlösung Hefekochsaft, also ein thermostabiles Prinzip zuführte, d. h. einen Stoff, der infolge seiner Hitzebeständigkeit nicht zu den Eiweißkörpern gehören kann. Er nannte diesen Stoff Bios. Heute sprechen wir von einem Bioskomplex. Es ist das Verdienst des Chemikers Fritz Kögl, das wichtigste Glied dieses Komplexes, das er Biotin nannte, erforscht zu haben. Es muß als Zellteilungshormon bezeichnet werden.

Die ungeheuer mühsame Arbeit der Reindarstellung gelang Kögl an Hand der Biotinwirkung auf das Hefewachstum. Biotinarme Heferassen, wie wir sie bei hochkultivierten Zuchtrassen finden, sprechen so exakt auf Biotin an, daß die methodisch leicht durchführbare Bestimmung des Hefewachstums einen Test für den zahlenmäßigen Biotingehalt der untersuchten Organe oder Körperflüssigkeiten abgibt. Auf dieser Grundlage isolierte Kögl aus 2,8 Tonnen chinesischem Trockeneigelb von Enten 390 Milligramm Biotin in kristallisiertem Zustand, eine Glanzleistung der modernen Chemie. Sogar die chemische Struktur konnte nach harter Arbeit geklärt werden. Dabei traf sich Kögl mit einem anderen Forscher. Es ergab sich, daß das in seiner Wirkung bisher nur ungenügend bekannte Vitamin H, das von du Vigneaud in Amerika bearbeitet wurde, chemisch mit dem Biotin identisch ist. Auch wissen wir seit vier Jahren, daß sich das Biotin der Vögel von dem der Säugetiere strukturell einigermaßen unterscheidet.

Sie sehen an diesem Beispiel etwas von der Verzahnung im Zellgeschehen. Während wir die Grundfunktion des Biotins nach Maßgabe seiner Wirkung auf einfachste Organismen wie die Hefe als Zellteilungshormon zu betrachten haben, bietet es sich in der tierischen Physiologie als ein Prinzip dar, dessen Fehlen bei Mensch und Ratte Hauterkrankungen zur Folge hat, wobei ich, wie schon bei der Besprechung des T-Vitamins, darauf hinweise, daß die Haut ein stetig wachsendes, also stets neue Zellen bildendes Organ ist. Auch kennt man einen Stoff, der als Gegenprinzip auftritt und offenbar die Biotinwirkung zu steuern hat. In rohem Eiereiweiß findet sich ein Eiweißkörper, das Avidin, das die Biotinwirkung hemmt, wobei ich betone, daß der Eifollikel der Legehenne besonders biotinreich ist. Es ist anzunehmen, daß gewisse schädliche Wirkungen eines übermäßigen Genusses von rohen Eiern auf das Avidin zurückzuführen sind.

Der hohe Wirkungsfaktor des Biotins zeigt sich sehr deutlich bei Kulturversuchen mit Erbsenkeimlingen, die ihrer Speicherorgane, der Keimblätter, und damit auch ihrer Biotinquelle beraubt wurden. Zugabe weniger milliontel Gramm Biotin hat starke Förderung ihres durch die Keimblätterentfernung gehemmten Wachstums zur Folge. Auch hier haben wir eine Verzahnung mit anderen Wirkstoffen. So wird die Biotinwirkung sehr beträchtlich durch Zugabe eines sehr einfachen zuckerartigen Körpers, des Meso-inosits, der auch als Bios I bezeichnet wird, erhöht. Aber umgekehrt verstärkt Biotin nicht die Meso-inosit-Wirkung.

Ein anderes Zellteilungshormon ist die Traumatinsäure, die bis jetzt nur von der Pflanze her bekannt ist. Unser verstorbenes Akademiemitglied Haberlandt, der zu den frühesten botanischen Hormonforschern zu zählen ist, züchtete aus der Kartoffelknolle herausgeschnittene Gewebestücke in der feuchten Kammer, wobei ein gewisser Teil der Stücke zur Wundkorkbildung schritt, der lebhafte Zellteilung vorausgehen muß, und zwar handelt es sich dabei um Teilung von Zellen, die ihr Wachstum schon längst eingestellt haben und als Stärkespeicher fungieren. Diese Zellverjüngung trat aber nur in Gewebestücken ein, die von den dem organischen Stofftransport dienenden Siebröhren durchzogen waren. Es sind dies sehr aktive Zellen. Siebröhrenfreie Gewebestücke kommen jedoch ebenfalls zur Zellneubildung, wenn ihnen ein siebröhrenhaltiges Stück aufgelegt wird. Dieser Erfolg tritt auch noch ein, wenn beide Gewebestücke durch eine Gelatineschicht getrennt sind. Es liegt also ein die Zellteilung auslösendes, stoffliches Prinzip vor, das in der Kartoffelknolle nur in den Siebröhren enthalten ist. Dies ist aber ein Sonderfall.

Mein Schüler Wehnelt fand in der grünen Bohnenhülse ein besonders günstiges Objekt. Bei diesem kann man Zellteilungen an der Innenfläche auslösen, ohne zuvor eine Wunde setzen zu müssen. Werden auf diese Innenfläche wäßrige Extrakte aus Bohnenblättern aufgetragen, so stellen sich Kern- und Zellteilungen ein und es bildet sich ein mächtiges Gewebepolster genau unter der Auftragszone. Das wirksame Prinzip kann durch Ultrafilter filtriert werden und ist kochbeständig. In der Folge haben die Amerikaner English und Bonner mit Hilfe der von Wehnelt gefundenen Reaktion, die sie als Wehnelt-Test bezeichnen, dieses „Wundhormon" chemisch identifiziert. Es handelt sich um eine sehr einfache organische, ungesättigte Säure mit zwölf Kohlenstoffatomen, die sie Traumatinsäure nannten. Diese wirkt noch zellteilend in der Verdünnung 1:100000. Wirksam war in den Versuchen von Wehnelt auch Pferdeserum, Hühnereiweiß, Insulin u. a. Jedoch wußte man damals noch nichts vom Biotin. Es müßte also hier erst die präparative Chemie einsetzen. Ebenso muß noch geklärt werden, ob die Natur tatsächlich eine Mehrzahl von Zellteilungshormonen geschaffen hat oder ob nicht einfach die Traumatinsäure das allgegenwärtige Biotin aktiviert.

In meinen bisherigen Ausführungen konnte ich die Beispiele für stofflich bedingte Organgestaltung sowohl dem Pflanzenreich als auch dem Tierreich entnehmen. Nun hat die Pflanze eine Besonderheit, die sich auf die Entwicklung der Einzelzelle bezieht. Während beim Tier die Vergrößerung der beiden Tochterzellen nach der Zellteilung nicht wesentlich ins Gewicht fällt, geht das Zellwachstum der Pflanze in zwei Phasen vor sich. Nach der Zellteilung kommt die Zellstreckung, die wohl auch unter Plasmaneubildung vor sich geht, aber vor allem in Wasseraufnahme besteht. Dieser zweiten Phase ist das Längen- und das Breitenwachstum des Pflanzenkörpers zu verdanken; daher auch das gewaltige Wachstum in den ersten feuchtwarmen Frühlingstagen. In einer Knospe sind schon die meisten Zellen für das künftige Blatt vorhanden. Sie haben sich nur zu strecken, damit sich das Blatt entfaltet. Dasselbe gilt für das Sproß- und Wurzelwachstum. Dieses Streckungswachstum wird ebenfalls hormonal gesteuert.

Dem Streckungshormon kam man auf einem Umweg auf die Spur. Wird ein Sproß einseitig belichtet, so krümmt er sich der Lichtquelle zu. Dies beruht darauf, daß die Zellen auf der dem Licht abgewandten Flanke sich stärker strecken als die Zellen der belichteten Flanke. Bei bestimmten Organen findet nun die Krümmung nicht am Ort der Lichtaufnahme statt, so bei der Keimscheide der Gräser. Dies ist ein röhrenförmiges Blatt, das als erstes bei der Keimung senkrecht nach oben wächst und bei dem nur die alleroberste Spitze lichtempfindlich ist, während die

Krümmungsreaktion sich wesentlich tiefer vollzieht. Nach Abschneiden der Spitze bewirkt einseitige Belichtung des Stumpfes keine Krümmung mehr. Wird aber eine im Dunkeln abgeschnittene Spitze einseitig belichtet und einem dauernd verdunkelten Stumpf ebenfalls im Dunkeln aufgesetzt, so erfolgt Krümmung des Stumpfes so, als ob eine intakte Keimscheide einseitig belichtet worden wäre. Diese Krümmung tritt auch noch ein, wenn zwischen die wieder aufgesetzte Spitze und den Stumpf ein Agarplättchen eingeschaltet wird. Also liegt auch hier ein stoffliches Prinzip vor, das die Zellstreckung steuert und von seinem Bildungsort nach der krümmungsfähigen Zone transportiert wird. Dabei bewirkt die einseitige Belichtung der Spitze eine relative Anreicherung des Wirkstoffes an der Schattenflanke, so daß es, da der Stoff senkrecht nach unten strömt, nur zu einer einseitigen Streckung und damit zur Krümmung kommt. Man kann sogar die Keimscheidenspitze durch einen Agarwürfel ersetzen, der zuvor mit dem Streckungshormon durch Aufsetzen einer abgeschnittenen Spitze beladen worden ist. Wird ein solcher Würfel einem Keimscheidenstumpf seitlich auf der Schnittfläche aufgesetzt, so erhält man eine Krümmung, deren konvexe Flanke senkrecht unterhalb des aufgesetzten Würfels sich befindet. Diese Krümmung ist in relativ weiten Grenzen von der Menge des Wirkstoffs in dem Agarwürfel abhängig, so daß der Grad der Krümmung ein Maß für die Menge des dem Stumpf applizierten Streckungshormons abgibt (Abb. 11).

Mit dieser Testreaktion gelang die chemische Isolierung des Hormons. Es ist das große Verdienst des Botanikers F. A. F. C. Went in Utrecht, die Bedeutung dieser Reaktion erkannt und den Chemiker Kögl für die chemische Bearbeitung gewonnen zu haben. Denn diese Forschung, die zeitlich vor der Entdeckung des Biotins durch Kögl liegt, gab der Inangriffnahme der Hormonphysiologie von der präparativ chemischen Seite gewaltigen Auftrieb, ganz abgesehen davon, daß zu dieser Zeit noch bei vielen Biologen ein heftiger Widerwille gegen das Hineintragen der Chemie in die Erforschung komplizierter Lebensvorgänge bestand.

Die Reingewinnung des Streckungshormons aus Keimscheidenspitzen der Gramineen mußte Kögl alsbald als hoffnungslos aufgeben. Bei der Suche nach anderen Ausgangsmaterialien mit Hilfe des eben beschriebenen Keimscheidentestes stieß Kögl auf Urin. Nunmehr konnte er aus großen Mengen von menschlichem Urin, immer an Hand des Testes, das Hormon in kristallisiertem Zustand gewinnen und nannte es Auxin. $^{1}/_{50\,000}\,\gamma$ Reinauxin ($1\,\gamma = 1$ milliontel Gramm) genügt, um unter den Testbedingungen mit dem Agarwürfel einen Keimscheidenstumpf des Hafers zu einer Krümmung von zehn Grad zu veranlassen. Zur Illustrierung sei bemerkt, daß sich in dieser geringen Auxinmenge immerhin noch 36 Milliarden Moleküle befinden.

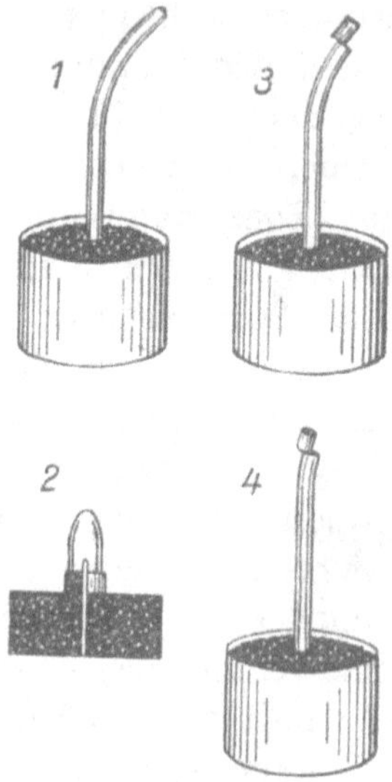

Abb. 11. Auxinwirkung und verschiedener Auxingehalt der Keimscheidenspitze nach einseitiger Belichtung. 1. Normale Keimscheide, zur Lichtquelle hingekrümmt. 2. Keimscheidenspitze, von rechts belichtet, gibt das Auxin an zwei getrennte Agarwürfel ab. 3. Schattenwürfel auf Keimscheidenstumpf. 4. Lichtwürfel auf Keimscheidenstumpf. (Umgezeichnet nach Lehrb. d. Botanik f. Hochschulen, 23. u. 24. Aufl., Verl. von G. Fischer, Jena, 1947.)

Weiterhin fand Kögl im Urin einen im Hafertest ebenfalls, wenn auch etwas weniger stark wirksamen Körper, der sich als die schon längst bekannte Indolylessigsäure, ein Umwandlungsprodukt eines Eiweiß-Bausteins, auswies. Er nannte diesen Stoff Heteroauxin. In der Folge wurden noch zahlreiche organische Stoffe aus verschiedenen Körperklassen mit gleicher Wirkung ermittelt. Im Jahre 1939 waren 54 derartige Stoffe bekannt. Daher wird neuerdings die Frage diskutiert, ob nicht etwa lediglich das „echte“ Auxin als Zellstreckungshormon zu betrachten ist und die übrigen Stoffe nur die Aktivierung des Auxins, etwa dessen Abtrennung von einem unwirksamen Auxin-Eiweißkomplex bewirken.

Eine Bedeutung des Auxins für den Tierkörper konnte nicht sichergestellt werden. Dies ist wohl der Grund, warum das Tier das Auxin, das es aus der Pflanzennahrung erhält, mit dem Urin unter Anreicherung wieder ausscheidet, und wird auch damit zusammenhängen, daß die Auxine in erster Linie das Streckungswachstum der Pflanzenzelle steuern, d. h. eines Wachstumsvorgangs, der, wie gesagt, bei der tierischen Zelle nicht ins Gewicht fällt. Denn das Streckungswachstum beruht auf Vergrößerung der beim Tier nicht vorhandenen Zellwand, allerdings auch, wie schon gesagt, auf Vermehrung des Protoplasmas.

Überraschenderweise stellte sich jedoch bald heraus, daß die Auxingruppe gewaltige Bedeutung für den allgemeinen Habitus der Pflanze und sogar für die Organbildung besitzt. Einige Maisrassen stellen Zwergformen dar. Eine dieser Rassen enthält 55% weniger Auxin als die Normalform und reagiert auch um 55% schwächer auf künstliche Auxinzufuhr. Die Erklärung ergibt sich aus folgendem: werden Gewebeschnitte von dieser Rasse auf auxinhaltige Agarwürfel gesetzt, so wird nach einiger Zeit der Auxingehalt der Würfel, bestimmt mit dem Hafertest, auf die Hälfte reduziert. Somit ist die allen Pflanzen zukommende Fähigkeit der Auxin-inaktivierung bei dieser Mais-Zwergform doppelt so groß als beim normalen Mais.

Darüber hinaus lassen sich durch die ganze Auxingruppe Wurzeln an Orten erzeugen, an denen normalerweise keine gebildet werden. Hierzu gehören größere Wirkstoffmengen, als sie für die Zellstreckung nötig sind. Wird z. B. der Sproß einer völlig intakten Tomatenpflanze mit einer heteroauxinhaltigen Lanolinpaste bestrichen, so erscheinen am Ort der Applikation, also oberirdisch, prompt zahlreiche Wurzeln. Dies führte zur industriellen Herstellung von Präparaten zur Beförderung der Wurzelbildung bei schwer sich bewurzelnden Stecklingen. Damit hat die uralte gärtnerische Übung, die Stecklingsbewurzelung durch Einklemmen eines Gerstenkornes in einen Spalt an der Sproßbasis zu fördern, ihre physiologische Begründung erhalten.

Auch die Knospenentfaltung wird durch die Auxine gesteuert.

Wird die Endknospe eines Sprosses entfernt, so treiben bekanntlich die Seitenknospen aus; wird aber nach Entfernung der Endknospe die Schnittfläche mit einem auxinhaltigen Agarwürfel belegt, bleiben die Seitenknospen auch weiterhin in Ruhe. Somit hemmt ein von der wachsenden Endknospe ausgehender Auxinstrom im Normalfall die Entwicklung der Seitenknospen. Auch dieser Befund hat praktische Bedeutung. Heteroauxinhaltige Präparate werden auf lagernde Kartoffelknollen zur Verhinderung des Auskeimens aufgestäubt. Dieser Hemmungseffekt der Auxingruppe steht zu deren Funktion als Zellstreckungshormon nicht im Widerspruch, da die Zellstreckung auslösende Wirkung nur in einem sehr engen Konzentrationsbereich zutage tritt und größere Auxinmengen hemmend wirken. Dabei ist die Empfindlichkeit von Wurzel, Sproß und Blatt deutlich verschieden.

Imposant ist die Tatsache, daß vor der Pollenbestäubung geschützte Blüten normale, aber natürlich samenlose Früchte bilden, wenn den Griffeln statt Blütenstaub Auxin geboten wird. Dies rührt daher, daß bei den meisten Pflanzen schon im unbefruchteten Fruchtknoten die Zellen für die zu bildenden Früchte vorgebildet sind und der Blütenstaub nicht nur die Spermakerne, sondern zugleich Auxin als Zellstreckungshormon liefert. Dem Blütenstaub kommen also mindestens zwei Funktionen zu, wobei die Auxinwirkung die anderen Erscheinungen der Fruchtreifung, wie z. B. Rotfärbung, in irgendeiner Kettenreaktion nach sich zieht.

In dieser Verkettung liegt zunächst das Hauptproblem der Organgestaltung. Wir kennen jetzt eine Reihe von Wirkstoffen mit greifbaren Einzelfunktionen von elementarer Bedeutung. Wir wissen aber nur in einzelnen Fällen, wie sich das Wechselspiel der zahlreichen Wirkstoffe vollzieht, wie diese räumlich und zeitlich ineinander greifen. Selbstverständlich ist, wie auch schon erwiesen wurde, daß das Auxin die Zellstreckung nur steuern kann, nachdem junge Zellen gebildet worden sind, wenn also das Biotin schon vorgearbeitet hat. Hier ist eine neue Feststellung russischer Forscher wichtig. Durch Überfütterung der Haferkeimscheide mit Auxin erzielten sie starke Vermehrung des Biotins. Ebenso bedeutsam ist die Entdeckung von Kögl, der mit einer wässerigen kolloidalen Lösung des weit verbreiteten β-Carotins eine Inaktivierung des Auxins erreichte, wenn er das System mit den Wellenlängen des sichtbaren Spektralbereichs bestrahlte, die vom β-Carotin absorbiert werden.

Völlig unklar ist aber noch die Frage, wie z. B. das Auxin das hochkomplizierte Geschehen der Wurzelbildung auslösen kann, und dies gilt für alle anderen organbildenden Wirkstoffe in der gleichen Weise. Wir sind auch noch nicht so weit, daß wir klare, gesetzmäßige Beziehungen zwischen der chemischen Struktur der Wirkstoffe und ihrer spezifischen Wirkung herausarbeiten könnten. Aus diesem Grunde konnte ich Sie mit der Darlegung von Strukturformeln verschonen.

Und wenn uns einmal diese Kausalität klar vor Augen stehen wird, erhebt sich ein weiteres Gebirge, ein Gebirge, das die Grundgeheimnisse des Lebens unseren Blicken versperrt; denn es handelt sich um die Frage: Wie kommt es, daß chemisch definierbare Stoffe oft von einfachster Struktur die Macht des Formungszwangs über die lebende Materie besitzen, die uns in primitiven Organismen als formloser Schleimklumpen vor Augen tritt? Wie kommt es, daß das Protoplasma diese Stoffe selbst zu bilden vermag? Darüber müssen wir Heutigen in Ehrfurcht schweigen. Irgendwelche philosophischen Grundmaximen, erwachsen aus dem jeder Generation eigenen Streben nach Abrundung ihres Weltbildes, oder, um mit Windelband zu reden, nach einem Gesamtsinn aller Wirklichkeit helfen hier nicht weiter. Noch nie hat irgendein „ismus“ den Naturforscher unmittelbar gefördert; er ist Fanatiker der Tatsachen. Mit Max Rubner, dem ehemaligen Berliner Physiologen, müssen wir mahnen: „Die Menschheit hat Zeit, die Erkenntnis abzuwarten“. Wenn wir die Tat Woehlers, die Entdeckung der Harnstoffsynthese, zum Markstein der biologischen Forschungsgeschichte nehmen, was bedeuten dann die seitdem vergangenen 120 Jahre im Vergleich zu den Zeiträumen, die uns von einem Heraklit trennen? Und welch ungeheures Wissen ist während dieser 120 Jahre in den Werkstätten der Naturforscher erarbeitet worden! Es ist so gewaltig und steigert sich jährlich in einem solchen Maß, daß wir die prophetischen Worte des großen Louis Pasteur sich erfüllen sehen: „Les laboratoires sont les temples de l'avenir", die Laboratorien sind die Tempel der Zukunft!

Beachten Sie bitte die nächste Seite

FSC
www.fsc.org
MIX
Papier | Fördert
gute Waldnutzung
FSC® C083411

Kolibri 360 GmbH
Ferdinand-Jühlke-Straße 7
99095 Erfurt, Deutschland
produktsicherheit@kolibri360.de